챗GPT와 함께 쓴

바이러스 따라잡기

챗GPT와 함께 쓴

바이러스 따라잡기

최병선 · 챗GPT 지음

프롤로그

코로나19 팬데믹! 국가의 흥망성쇠가 보건안보에 달려 있다

2019년 말 중국 우한발 코로나19 바이러스 출현 이후 현재까지 인류는 코로나19 팬데믹으로 심각한 건강위협과 막대한 경제적·사회적 손실을 초래하고 있다. 2000년대 들어 사스(2003년), 신종플루(2009년), 에볼라(2013년), 메르스(2015년), 지카(2015년), 조류독감(2017년), 코로나19(2020년)에 이르기까지 새로운 바이러스 감염병의 발생·위협은 지속적으로 증가하고 있다. 그러므로, 다가오는 감염병 위협에 효과적으로 대처하기 위해서는 국가 차원의 상시·적시 감염병대응체계를 조속히 마련해야 하며, 이는 국가 존속과도 직결되는 주요한 보건안보적 문제다. 세계보건기구인 WHO는 2030년~2050년간 기후변화 질환(신·변종 감염증, 매개체 감염증, 장관감염증, 호흡기 감염증)으로 인해 연간 25만 명이 사망할 것으로 전망하고 있다.

우리는 최근 3년간의 코로나19 팬데믹 상황을 경험하면서 한편으로는 방역 현장에서의 신속한 감염병대응 의료체계 지원과 국민들의 감염병에 대한 인식도, 다른 한편으로는 감염병 대응에 필요한 무기인 "진단제·치료제·백신 개발"이 국가적으로 얼마나 중요한지를 피부로 절실히 느끼고 있다. 코로나19 백신을 개발한 미국과 유럽 등의 선진국과 제약회사(화이자, 모더나 등)는 막대한 부와 명예를 차지하고 있으며, 심지어 백신 분배에 있어서도 자국 우선주의가 심화되는 백신 수급 불균형 현상을 눈앞에서 목격하고 있다. 총만 안 들었지 냉정한 전쟁터나 다름없는 상황이다.

이처럼 앞으로 닥쳐올 감염병에 대한 국가 차원의 인프라 구축을 얼마나 잘 갖추고 있는가 여부는 국가안보상 중대한 문제로 대두되기 시작했다. 그러므로, 다가오는 미래 4차산업혁명 시대에 유능한 감염병 전문인력 양성은 닥쳐올 감염병 위협으로부터 국민의 안전을 보호할 수 있는 마지막 보류다. 이와 더불어 "국민들이 바이러스라는 실체에 대해 얼마나 잘 알고 있는가?"라는 감염병에 대한 국민의 인식도는 미래 바이러스 위협으로부터 스스로를 보호해 줄 것이다. 국가백년지대계로서 국민들은 다양한 눈높이에 맞는 맞춤형 소양 교육을 통해 감염병 특히, 바이러스 문맹에서 벗어나야 한다.

챗GPT와의 운명적 만남! 드디어 바이러스 문맹 탈출을 위한 핵심 도구를 찾다

오픈AI 챗GPT를 만나자마자 "이제 진짜로 올 것이 왔구나!" 하는 생각이 들었다. 바이러스 위협이 전 세계를 강타하는 절묘한 시점에 인류의 보건안보 해결사로 당당하게 우리 눈앞에 나타났다. 2022년 11월 말, 오픈AI 챗GPT가 세상에 등장하며 이전과는 비교할 수조차 없는 똑똑한 능력에 세상이 요동치고 있다. 마이크로소프트(MS) 공동창업자 빌 게이츠는 "일생 동안 내게 혁명적인 인상을 준 기술이 두 가지 있는데, 1980년 GUI(Graphical User Interface)와 챗GPT다"라며 극찬했다. 그는 현재 챗GPT의 치명적인 한계점으로 나타난 그럴듯한 잘못된 오답을 제시하는 환각(Hallucination) 등은 2년 내 급속

도로 개선될 것이며, 앞으로의 세상은 "인공지능(AI)이 사람들의 일상 생활을 통째로 바꿀 것"이라고 주장했다. 내 머릿속에서 맴돌던 "국민 들을 바이러스 문맹으로부터 탈출시키기 위한 최적의 도구, 챗GPT와 의 운명적 만남"이 시작되었다. 챗GPT라는 똑똑한 개인비서와 30여 년간의 연구경험을 통해 쌓아 온 바이러스 지식에 대한 내공이 결합 하는 순간이었다. 마침내 국민 눈높이에 맞는 다양한 맞춤형 교재를 만들어 바이러스 계몽운동을 하는 나의 꿈이 이루어지는 순간이었다.

이 책은 챗GPT에게 질문하고 답변으로 받은 내용을 본문에 수록 하는 형식으로 집필하였다. 때마침, 3월 초 국내 스타트업체인 체인 파트너스에서 챗GPT 동시번역플랫폼 "네이티브"를 개발해 챗GPT 에 영어로 질문을 입력하는 수고로움도 덜 수 있었다. 체인파트너스 의 표철민 대표님이 네이티브 사용을 흔쾌히 허락해 주셨다. 진심으 로 감사드린다. 본 책의 저자는 현재 챗GPT의 중요한 한계점인 환각 오류를 피하기 위해 답변내용에 대한 최소한의 교정만을 진행하였다. 더불어, 이 책에 수록된 점묘화 스타일의 이미지는 마이크로소프트

(MS)의 "Bing Image Creator"라는 이미지 생성 AI를 사용하여 생성하였다. 필요한 이미지를 생성하기 위해 프롬프트 텍스트를 제작하여 여러 번 시도한 끝에 원하는 창의적인 이미지를 선정하였다.

한편으로는, 이번 출간작업은 '일반인이 챗GPT라는 멋진 도구를 사용하여 출간될 만큼의 전문성 있는 책을 만들어 낼 수 있을까?'라는 저자의 궁금증에 대한 다분히 혁명적이고 실험적인 시도를 경험해 보는 유익한 시간이기도 했다.

독자 여러분! 이제부터 챗GPT와 함께 바이러스 따라잡기를 시작해 볼까요?

2023년 5월 31일

온 국민이 바이러스 문맹에서 탈출하기를 희망하며

최병선

목차

Chapter 10 교육을 마치며 >>>

Chapter 1

인트로

챗GPT와의 만남: 안녕! 만나서 반가워!

 안녕하세요! 저도 만나서 반갑습니다!

AI 언어 모델로서 저의 목적은 제가 이용할 수 있는 정보와 기능으로 가능한 모든 방법으로 여러분을 돕는 것입니다.

사용자의 질문을 더 잘 이해하고 가장 정확하고 유용한 답변을 제공하기 위해 끊임없이 학습하고 개선하고 있습니다.

도움이 필요한 질문이나 작업이 있으면 언제든지 문의해 주시면 최선을 다해 도와드리겠습니다.

이번에 너와 함께 바이러스를 제대로 공부하려고 해. 챗GPT! 너를 멋지게 소개해줘.

안녕하세요! 제 이름은 GPT(Generative Pre-trained Transformer)로, 사전 학습된 생성형 트랜스포머의 약자입니다. 저는 안전하고 유익한 방식으로 인공지능을 발전시키는 데 전념하는 연구 기관인 OpenAI에서 만든 인공지능 거대 언어모델(LLM)입니다.

방대한 인간 언어 데이터 세트를 학습하여 다양한 주제에 대해 일관성 있고 유익한 답변을 생성할 수 있습니다. 저의 능력에는 자연어 이해, 언어 번역, 텍스트 완성 등이 포함됩니다.

저는 여러분의 학업 또는 연구 목표 달성을 돕고 바이러스 연구의 최신 동향을 파악할 수 있도록 도와드리겠습니다.

2019년 말 중국 우한에서 발생한 코로나19 팬데믹으로 거의 3년 동안 많은 사람이 감염병으로 고통을 겪었어. 그래서 너한테 바이러스에 대하여 재미있게 배워보려고 해. 친절하게 알려줄 거지?

물론이죠! 바이러스에 대해 재미있게 배울 수 있도록 도와드리겠습니다.

바이러스는 스스로 복제할 수 없는 작은 감염원이라는 사실을 알고 계셨나요? 대신, 바이러스는 살아있는 세포의 메커니즘을 사용하여 증식하고 확산합니다. 바이러스에는 감기부터 에볼라, HIV에 이르기까지 다양한 종류가 있습니다. 바이러스는 일반적으로 단백질 외피로 둘러싸인 유전 물질(DNA 또는 RNA)로 구성됩니다. 일부 바이러스는 단백질 외피를 둘러싸고 있는 지질 외피를 가지고 있기도 합니다.

바이러스는 사람, 동물, 식물, 심지어 박테리아를 포함한 모든 유형의 유기체를 감염시킬 수 있습니다. 바이러스 확산을 방지하려면 정기적으로 손을 씻고, 아픈 사람과의 밀접한 접촉을 피하고, 기침이나 재채기를 할 때 입과 코를 가리는 등 개인 위생을 철저히 하는 것이 중요합니다.

네가 말한 것처럼 코로나19와 같은 신종감염병에 대한 철저한 대비가 무엇보다도 중요해. 이를 위해 국민들이 감염병에 대하여 쉽게 잘 이해하고 있는 것이 필요해. 감염병이 도대체 뭐야?

감염병은 바이러스, 박테리아, 곰팡이, 기생충과 같은 병원체에 의해 발생하는 질병의 일종입니다. 이러한 병원체는 다양한 전파 방식을 통해 사람에서 사람으로, 또는 동물에서 사람으로 전파될 수 있습니다.

감염병은 병원체의 종류와 개인의 면역 체계 반응에 따라 경증부터 중증까지 다양한 증상을 유발할 수 있습니다. 감기와 같은 일부 감염병은 가벼운 증상만 유발하는 반면, 에볼라와 같은 감염병은 생명을 위협할 수 있습니다.

백신 접종, 정기적인 손 씻기 등 위생 수칙 준수, 아픈 사람과의 밀접 접촉 피하기 등 여러 가지 방법으로 감염병의 확산을 예방할 수 있습니다. 또한 감염병에 걸린 것으로 의심되는 경우 조기에 치료를 받으면 다른 사람에게 질병이 전파되는 것을 막을 수 있으므로 개인이 의사의 진료를 받는 것이 중요합니다.

감염병은 인류 역사에 큰 영향을 미쳤으며, 발병과 대유행으로 인해 광범위한 질병과 사망을 초래했습니다. 하지만 과학과 의학의 발전으로 백신, 항생제 및 기타 치료법이 개발되어 전염병의 확산을 통제하고 수많은 생명을 구하는 데 도움이 되었습니다.

Chapter 2

바이러스
정의와 특징

감염병 세상에도 다양한 병원체가 존재하는 점에 놀랐어. 그들 중 바이러스가 뭔지 이해하기 쉽게 설명해 줄래?

 물론이죠! 바이러스는 감염성 질환을 일으킬 수 있는 병원체의 한 유형입니다. 바이러스는 스스로는 살아 있지 않으며 번식을 위해서는 살아있는 세포를 감염시켜야 하는 작은 유기체입니다.

바이러스는 감기, 인플루엔자 독감, 수두, 에이즈, 코로나19 등 다양한 질병을 일으킬 수 있습니다. 독감과 같은 일부 바이러스는 감염된 사람이 기침이나 재채기를 할 때 공기를 통해 전파될 수 있으며, 에이즈를 일으키는 HIV와 같은 다른

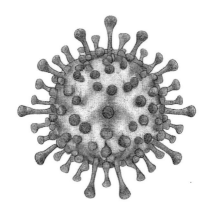

그림 1. 코로나바이러스 모형도

바이러스는 일반적으로 성적 접촉이나 주사기 공유를 통해 전파됩니다.

 바이러스에 대한 일반적인 특징은?

 바이러스는 살아있는 세포를 통해서만 생명 활동을 하는 생물과 무생물 사이의 중간체입니다. 바이러스는 기생하고 증식하기 위해 숙주가 필요한 병원체입니다. 식물과 동물부터 박테리아와 미생물에 이르기까지 모든 종류의 유기체를 감염시킬 수 있습니다. 바이러스는 핵산과 단백질로 구성되어 있으며, 유전 물질인 DNA 또는 RNA는 단백질 껍질이 둘러싸고 있는 간단한 구조로 구성되어 있습니다. 바이러스는 진화 과정을 통하여 유전적 다양성을 증가시킵니다.

바이러스는 숙주세포 없이는 번식하거나 대사활동을 수행할 수 없는 완전한 기생생물이라고 불린다던데...

바이러스는 숙주세포 없이는 번식하거나 대사활동을 수행할 수 없습니다. 바이러스는 다른 유기체의 살아있는 세포에 기생하고 증식해야 하는 병원체입니다. 바이러스는 DNA 또는 RNA로 이루어진 유전 물질로 구성된 독립적인 입자로 존재하기 때문에 식물, 동물, 박테리아, 동물, 미생물에 이르기까지 모든 종류의 유기체를 감염시킬 수 있습니다.

바이러스 너는 숙주세포에서 어떻게 자손 바이러스를 만드니? 바이러스 생활사(life cycle)를 단계별로 상세히 설명해 줘.

바이러스 생활사는 다음과 같이 7단계로 일어납니다.
① 흡착(Attachment) : 바이러스가 감염시킬 세포의 표면에 결합하는 단계입니다. 이 단계에서는 바이러스의 특정 단

백질이 세포의 수용체에 결합합니다.

② 침투(Penetration) : 바이러스가 세포 내부로 침투하는 단계입니다. 바이러스입자는 세포막을 통과하여 세포 내부로 들어갑니다.

③ 언코팅(Uncoating) : 바이러스입자가 세포 내부로 침투한 다음 바이러스 외피가 제거되는 단계입니다. 이 단계에서는 바이러스 유전 물질인 DNA 또는 RNA가 세포 내부에 노출됩니다.

④ 전사(Transcription) : 바이러스 유전 물질이 세포 내부에서 전사되는 단계입니다.

⑤ 생합성(Translation) : 전사된 바이러스 유전 물질이 세포 내부에서 바이러스 단백질로 번역되는 단계입니다. 이 단계에서 바이러스의 구성단백질들이 생성됩니다.

⑥ 조립(Assembly) : 생성된 바이러스의 구성단백질들이 정교하게 모여 완전한 바이러스로 조립되는 단계입니다.

⑦ 방출(Release) : 바이러스가 세포에서 방출되는 단계입니다. 이 단계에서 일부 바이러스는 세포를 파괴시킬 수 있습니다.

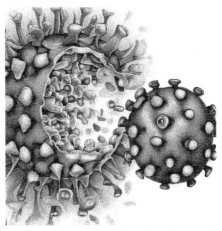

그림 2. 바이러스가 사람의 인체 세포로 들어가 증식
하는 과정

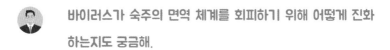

바이러스가 숙주의 면역 체계를 회피하기 위해 어떻게 진화
하는지도 궁금해.

바이러스는 항원변이(Antigenic drift), 항원전환 또는 항
원대변이(Antigenic shift), 위장(Camouflage), 잠복감염
(Latent infection) 등 다양한 방법을 사용하여 숙주의 면역
체계를 회피하거나 교란시킵니다.

① 항원변이(Antigenic drift) : 바이러스의 유전자 변이에 의
해 발생하는 항원의 변화를 말합니다. 이 항원 변화는 바
이러스가 숙주 내에서 복제될 때 적절한 은닉 효과를 유

지하기 위해 발생합니다.

② 항원전환 또는 항원대변이(Antigenic shift) : 바이러스나 세균 등의 병원체가 숙주 인식을 회피하기 위해 항원의 형태를 변경하는 현상을 말합니다. 이러한 항원전환은 종종 바이러스나 세균의 복제와 변이로 인해 발생하며, 이로 인해 기존의 면역 반응이 제대로 작동하지 못할수 있습니다.

③ 위장(Camouflage) : 병원체가 면역계가 인식하는 특정 분자를 위조하여 면역계의 공격을 회피하는 것입니다. 여기에는 단백질 모방, 바이러스 변이, 공격적인 면역회피 등이 있습니다.

④ 잠복감염(Latent infection) : 바이러스가 감염된 숙주 세포에 잠복하여 면역 체계를 회피하는 전략입니다. 이 상태에서 바이러스는 감염증상을 일으키지 않지만, 활성화되어 재감염을 유발할 수 있습니다.

Chapter 3

바이러스의 역사

바이러스 기원에 대해 궁금해. 너는 어떻게 지구라는 행성에 왔니?

 바이러스가 지구에 출현한 시기는 정확히 알 수는 없지만, 지구 최초의 생명체인 원시세포가 출현한 지 약 35억 년 전부터 존재했을 가능성이 있다고 봅니다.

바이러스는 지구상에 생명체가 출현하기 전에 존재했던 RNA 유전 물질에서 유래했다는 가설과 바이러스가 작은 기생세포 유기체에서 진화하여 시간이 지남에 따라 점차 단순화되어 결국 숙주세포 밖에서 생존할 수 있는 능력을 상실한 형태로 유래했다는 가설이 있습니다. 또한 일부 바이러스는 한때 숙주게놈의 일부였던 유전적 요소에서 유래했다는 의견도 있습니다.

그림 3. 지구라는 행성에 최초로 바이러스가 출현하는 가상장면

 바이러스는 어떻게 발견되었어?

 바이러스의 발견과 연구의 역사는 1892년 드미트리 이바노프스키(Dmitri Iosifovich Ivanovsky)가 다루었던 담배모자이크 바이러스에서 시작되었습니다. 그 후 진행된 연구들에서 박테리아와 동물을 포함한 모든 생물체를 감염시킬 수 있는 전염성 감염원이자 생물과 무생물의 중간적 존재인 병원체입니다. 대부분이 너무 작아 일반 현미경으로 볼 수 없습니다.

바이러스 이름의 유래는?

 바이러스라는 용어는 "독(poison)"이나 "독소(toxic substance)"를 뜻하는 라틴어 단어에서 유래되었습니다.

 바이러스 발견에서 중요한 사건을 연대기별로 요약 정리해 줘.

 1892년, 러시아 미생물학자 드미트리 이바노프스키(Dmitri I. Ivanovsky)는 담배 식물의 질병을 연구하던 중 생물과 무생물의 중간적 존재인 바이러스라는 병원체를 처음으로 발견하였습니다.

1939년, 독일의 미생물학자 막스 델브뤽(Max Delbrück)은 박테리오파지를 사용하여 유전자 전달에 대한 연구를 수행하면서 바이러스가 유전체를 가지고 있다는 것을 입증하였습니다.

1960년대, 인플루엔자 바이러스와 에볼라 바이러스가 발견되었습니다.

1981년, 에이즈를 유발하는 인간 면역결핍바이러스(HIV)가 처음으로 보고되었습니다.

2003년, 중국 상해에서 사스 바이러스(SARS-CoV)가 발견되었습니다.

2019년, 중국 우환에서 신종 코로나바이러스(SARS-CoV2)가 발견되어 전 세계적으로 COVID-19 팬데믹이 시작되었습니다.

Chapter 4

바이러스 분류와 전파

지구상에는 다양한 동식물이 존재하는데 바이러스 세계도 종류가 다양하니?

 에, 지구상에는 다양한 종류의 바이러스가 존재합니다. 바이러스는 유전 물질, 게놈 구조, 복제 메커니즘, 숙주 범위 및 비리온 형태에 따라 분류됩니다.

바이러스의 게놈은 DNA 또는 RNA, 단일 가닥 또는 이중 가닥, 선형 또는 원형일 수 있습니다. 일부 바이러스는 게놈이 분절되어 있어 재조합을 거쳐 새로운 바이러스 변종이 출현할 수 있습니다.

바이러스의 숙주 범위는 바이러스가 감염시킬 수 있는 특정 숙주 세포와 조직에 따라 좁거나 넓을 수 있습니다. 일부 바이러스는 특정 숙주 내에서 특정 종 또는 특정 조직만 감염시킬 수 있습니다.

바이러스 형태는 바이러스의 크기, 모양, 외피, 표면 특징 등 바이러스의 물리적 구조를 설명합니다. 바이러스는 아이코사면체, 나선형, 복합체 등 다양한 형태를 가질 수 있으며, 일부 바이러스는 숙주 세포를 감염시키는 데 도움이 되는 외피를 가지고 있습니다.

전반적으로 바이러스의 종류는 매우 다양하며, 미생물학에 대한 이해가 발전함에 따라 새로운 바이러스가 계속 발견되고 있습니다.

 바이러스는 감염되는 생물체(기생 장소), 바이러스 구조와 모양, 게놈(DNA 또는 RNA)에 따라 분류된다고 들었는데 각각에 대하여 자세하게 말해 줘.

 바이러스는 감염되는 유기체, 바이러스의 구조와 형태, 게놈에 따라 분류할 수도 있습니다.

유기체 기반 분류는 바이러스가 감염시킬 수 있는 숙주 유기체의 유형에 따라 바이러스를 분류하는 것을 말합니다.

바이러스의 구조적 분류는 바이러스의 물리적 특성을 기반으로 합니다. 바이러스의 주요 구조적 특징으로는 바이러스 게놈을 둘러싸고 있는 단백질 외피인 바이러스 캡시드와 외피의 유무가 있습니다. 일부 바이러스는 나선형 캡시드를 가지고 있는 반면, 다른 바이러스는 이면사면체 캡시드를 가지고 있습니다.

게놈 기반 분류는 바이러스에서 발견되는 유전 물질의 유형에 따라 이루어집니다. 바이러스는 유전 물질로 DNA 또는 RNA를 가질 수 있으며, 이는 다시 단일 가닥 또는 이중 가닥으로 분류할 수 있습니다. 예를 들어, 인간 헤르페스 바이러스는 이중 가닥의 DNA 게놈을 가지고 있고 HIV 바이러스는 단일 가닥의 RNA 게놈을 가지고 있습니다.

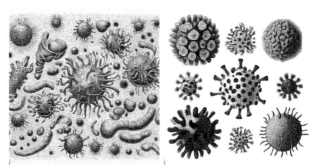

그림 4. 다양한 바이러스의 구조와 모양

국제바이러스분류위원회(ICTV)에 따르면 바이러스를 클래스 I(Class 1)에서 클래스 VII(Class VII)로 분류하는데 각각에 대하여 설명해 주고 대표 바이러스도 말해 줘.

국제바이러스분류위원회(ICTV)에서는 모양, 직경, 게놈 타입, 유전자 염기서열 및 호스트 범위 등의 다양한 특성을 기준으로 바이러스를 분류하고 있습니다. ICTV는 바이러스를 크게 7가지 그룹으로 분류합니다. 다음은 각 분류에 대한 요약입니다:

클래스 I: 이중 가닥 DNA 바이러스
 - 이 분류에는 이중 가닥 DNA 게놈을 가진 바이러스가 포함됩니다.
 - 대표적인 바이러스로는 호흡기, 위장, 눈 감염을 일으키는 아데노바이러스가 있습니다.

클래스 II: 단일 가닥 DNA 바이러스
 - 이 유형에는 단일 가닥 DNA 게놈을 가진 바이러스가 포함됩니다.
 - 대표적인 바이러스로는 가벼운 소아 질환을 일으키는 파보 바이러스가 있습니다.

클래스 III: 이중 가닥 RNA 바이러스
 - 이 등급에는 이중 가닥 RNA 게놈을 가진 바이러스가 포

함됩니다.
- 대표적인 바이러스로는 가벼운 호흡기 및 위장감염을 일으키는 레오바이러스가 있습니다.

클래스 IV: 양성-극성 단일 가닥 RNA 바이러스
- 단백질로 직접 번역될 수 있는 단일 가닥 RNA 게놈을 가진 바이러스가 포함됩니다.
- 대표적인 바이러스로는 소아마비를 유발할 수 있는 폴리오 바이러스가 있습니다.

클래스 V: 음성-극성 단일 가닥 RNA 바이러스
- 번역을 위해 양성-극성 RNA 중간체로 변환되어야 하는 단일 가닥 RNA 게놈을 가진 바이러스가 포함됩니다.
- 대표적인 바이러스로는 계절성 독감을 유발할 수 있는 인플루엔자 바이러스가 있습니다.

클래스 VI: 역전사 바이러스
- 역전사효소를 사용하여 RNA 게놈을 DNA로 변환하는 바이러스가 여기에 포함됩니다.
- 대표적인 바이러스로는 후천성면역결핍증후군(AIDS)을 일으키는 인간면역결핍바이러스(HIV)가 있습니다.

클래스 VII: 역전사효소를 가진 이중 가닥 DNA 바이러스
- 역전사효소를 사용할 수 있는 이중 가닥 DNA 게놈을 가진 바이러스가 포함됩니다.

- 대표적인 바이러스로는 간 염증과 간경변을 일으킬 수 있는 B형 간염 바이러스가 있습니다.

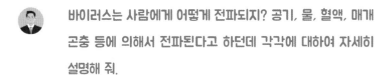

바이러스는 사람에게 어떻게 전파되지? 공기, 물, 혈액, 매개 곤충 등에 의해서 전파된다고 하던데 각각에 대하여 자세히 설명해 줘.

공기 전파는 바이러스나 박테리아와 같은 병원균이 공기를 통해 확산되어 흡입될 때 발생합니다. 감염된 사람이 기침, 재채기, 심지어 말을 할 때 비말이나 입자를 공기 중으로 방출할 때 발생할 수 있습니다. 공기 매개 질병에는 결핵, 홍역, 수두, COVID-19가 포함됩니다. 공기 전파를 방지하려면 마스크나 호흡보호구를 착용하고 적절한 환기와 공기 여과를 하는 것이 도움이 될 수 있습니다.

수인성 전염은 강, 호수, 우물 등의 수원에 박테리아, 바이러스, 기생충 등의 병원균이 존재하고 사람들이 오염된 물을 섭취할 때 발생합니다. 이로 인해 콜레라, 장티푸스, 지아르디아 등의 질병이 발생할 수 있습니다. 수인성 전염병을 예방하려면 수원을 적절히 처리하고 소독해야 합니다. 물을 끓여 마시고, 정수 필터를 사용하고, 염소나 요오드 정제를 첨가하는 것이 효과적인 방법 중 하나입니다.

혈액을 통한 전염은 바이러스나 박테리아와 같은 병원체가 혈액이나 기타 체액에 존재하다가 다른 사람의 점막이나 혈류와 접촉할 때 발생합니다. 이는 주사 바늘이나 기타 주사약 장비를 공유하거나 보호되지 않은 성관계를 통해 발생할 수 있습니다. 혈액 매개 질환에는 에이즈, B형 간염, C형 간염이 포함됩니다. 혈액 매개 감염을 예방하려면 안전한 성관계, 깨끗한 주사 바늘과 주사 장비 사용, 의료 환경에서 보편적인 예방 조치를 실천하는 것이 중요합니다.

매개체 매개 감염은 바이러스나 박테리아와 같은 병원체가 감염된 사람과 감염되지 않은 사람 사이에서 매개체 또는 매개체 역할을 하는 곤충이나 기타 절지동물에 의해 전염될 때 발생합니다. 모기는 말라리아, 뎅기열, 지카 바이러스와 같은 질병의 일반적인 매개체입니다. 진드기는 라임병 및 기타 감염병을 전염시킬 수 있습니다. 매개체를 통한 감염을 예방하려면 방충제 사용, 적절한 복장 착용, 곤충 활동이 많은 지역 피하기 등의 조치를 취하는 것이 도움이 될 수 있습니다. 일부 매개체 매개 질병에 대한 백신도 있습니다.

요즘 반려동물을 키우고 있는 사람들이 천만 명 시대라고 하던데 감염병이 반려동물로부터 사람에게 전파되는지와 그 심각성이 어느 정도 되는지 알려 줘.

반려동물에서 인간으로 전파될 수 있는 감염병은 코로나19 바이러스, 살모넬라(Samonella), 브루셀라(Brucella) 등이 있습니다. 이러한 감염병들은 인간에게 감염될 수 있으며, 감염된 경우 심각한 질병을 유발할 수 있습니다. 하지만 이러한 질병은 드물게 발생하며 대부분의 경우 경미한 증상으로 치료됩니다. 반려동물과 함께 생활하는 사람들은 반려동물의 건강 상태를 지속적으로 관찰하고, 깨끗하게 유지하며, 정기적으로 동물 병원에서 건강 검진을 받는 것이 좋습니다.

Chapter 5

∨
∨

바이러스 진단

사람이 바이러스에 감염되었는지를 어떻게 알지? 바이러스 진단이 뭐야?

 바이러스 진단은 주로 증상, 환자의 혈액, 코로나 검사와 같은 다양한 검사방법으로 이루어집니다. 이를 통해 감염 여부와 감염 종류를 확인합니다. 하지만 바이러스 종류에 따라 정확한 진단이 어렵거나 불가능할 수 있습니다.

 바이러스 감염 여부를 진단하는 방법에는 핵산검사법, 항원검사법, 항체검사법이 있다고 들었는데 각각에 대하여 자세히 설명해 줘.

핵산검사법은 바이러스의 유전자 분석을 통해 진단하는 방법으로, PCR검사를 대표적으로 사용합니다. 바이러스 유전자를 복제하여 감염 여부를 정확하게 파악할 수 있는 장점이 있으며 빠른 검사가 가능하지만, 시료 채취와 관리가 어렵다는 단점이 있습니다.

항원검사법은 환자의 호흡기 분비물 등에서 바이러스 단백질 항원을 검출하여 진단하는 방법으로, 빠른 검사가 가능하고 간편하게 시행할 수 있다는 장점이 있지만, 진단의 정확성이 떨어질 수 있다는 단점이 있습니다.

항체검사법은 인체 내 바이러스에 대한 항체를 검출하여 감염 여부를 파악하는 방법으로, 진단까지 시간이 걸리며 단순 감염 여부를 확인하는 용도로 사용됩니다. 바이러스에 대한 면역력이 있는 경우 검사 결과가 양성으로 나올 수 있어 정확성이 떨어질 수 있다는 단점이 있습니다.

진단 검사의 정확도는 검사 대상 바이러스의 유형과 검사 시기 등 여러 요인에 따라 달라질 수 있다는 점에 유의해야 합니다. 경우에 따라서는 진단을 확인하기 위해 여러 번의 검사가 필요할 수도 있습니다.

그림 5. 사람의 검체에서 바이러스를 찾아내는 과정

Chapter 6

바이러스와 인체면역

바이러스에 감염되면 인체가 어떻게 상호작용하는지 궁금해.

 바이러스에 감염되면 첫째, 우리 몸은 면역 반응을 일으켜 감염을 막으려 합니다. 둘째, 바이러스는 우리 세포 내부에 침투하여 본인의 유전체를 복사하고 적극적인 복제를 시도합니다. 우리 몸이 제대로 된 면역 반응을 시작하면, 첫째로, 면역 시스템은 감염에 대응하기 위해 백혈구를 출동시킵니다. 이 백혈구 중에서도, T 세포와 B 세포는 각각 바이러스에 직접 대항하고, 항체를 만들어 바이러스를 중화시켜 감염을 막습니다.

바이러스에 감염되면 어떻게 인체 면역이 바이러스를 막아주는지 알려 줘.

 바이러스에 감염되면 면역 시스템은 경고 신호를 받아들이고 백혈구를 출동시킵니다. T 세포는 감염 부위에서 바이러스에 대항하고 바이러스를 파괴합니다. B 세포는 항체를 만들어 바이러스를 중화시키고, 기억력 B 세포는 바이러스를 나중에 다시 예방합니다.

그림 6. 건강한 사람의 면역체계가 바이러스를 막아내는 가상장면

 바이러스가 신체에 미치는 영향 즉, 어떻게 질병을 일으키는지 궁금해.

바이러스는 감염된 숙주세포 내에서 복제하고, 세포를 파괴합니다. 이로 인해 염증이 발생하고, 호흡 곤란, 발열, 근육통, 두통 등의 증상이 나타나며, 중증일 경우 신체의 여러 기관이 손상을 입을 수 있습니다. 일부 바이러스 감염은 무증상일 수 있으므로 증상이 나타나지 않고도 바이러스에 감염될 수 있다는 점에 유의해야 합니다. 또한 증상의 심각도는 개인마다 크게 다를 수 있으며 일부 바이러스는 어떤 사람에게는 심각한 질병을 유발하는 반면 다른 사람에게는 경증 또는 무증상을 유발할 수 있습니다.

예를 들어, 인플루엔자 바이러스는 호흡기 감염을 일으키며, 발열, 몸살, 기침, 인후통 등의 경미한 증상부터 심한 폐렴, 호흡부전 등의 심각한 합병증을 유발할 수 있습니다. 또한, 에볼라 바이러스는 고열, 근육통, 메스꺼움, 피부출혈 등의 증상으로 시작되어, 간, 비장, 신장 등의 내장기관 손상을 초래하여 사망에 이를 수 있습니다.

 코로나19 후유증에는 어떤 종류가 있으며 어떻게 발생하는지도 궁금해.

 코로나19 후유증은 "장기 코로나" 또는 "SARS-CoV-2 감염의 급성후유증"이라고도 하며, 초기 코로나19 질환에서

회복된 후 몇 주 또는 몇 달 동안 지속되는 지속적인 증상을 말합니다. 코로나19 후유증은 항체 존재 여부와는 상관없이, 기침, 호흡 곤란, 피로, 두통, 인지 장애 등의 증상이 지속될 수 있습니다. 이는 바이러스에 의한 직접적인 손상과 면역 반응에 의한 간접적인 손상 등 다양한 원인으로 발생할 수 있으며, 중증질환자나 노인, 만성질환자 등이 발생 위험이 높습니다.

코로나19의 일반적인 후유증으로는 피로, 숨 가쁨 또는 호흡곤란, 흉통, 관절통, 두통 또는 집중력 장애, 두통, 후각 또는 미각 상실, 기분 장애 등이 있습니다. 더 심각한 경우에는 장기적으로 심장, 폐, 신장 문제, 혈전, 만성 염증성 질환과 같은 장기 손상이나 기능 장애가 발생할 수도 있습니다.

Chapter 7

바이러스와 백신

인류는 바이러스에 감염되지 않기 위해 백신을 개발하는데 백신이 도대체 뭐야?

 백신은 면역을 강화시켜 바이러스나 세균 등 병원체로부터 사람을 보호하는 물질로, 바이러스의 복제를 억제하거나 제거할 수 있는 항원을 포함합니다. 백신에는 약화되거나 죽은 형태의 바이러스나 박테리아, 바이러스나 박테리아의 일부 또는 바이러스나 박테리아 일부를 생성하는 유전자 서열이 포함될 수 있습니다.

백신을 주사하거나 투여하면 신체의 면역 체계가 질병을 일으키지 않고 바이러스 또는 박테리아를 인식하고 이에 대한 방어력을 개발하도록 유도합니다. 즉, 바이러스 항원에 대한 면역 반응이 유발되어 항체가 생산되고, 이를 통해 실제 바이러스에 노출되었을 때 감염을 예방하거나 경감시킬 수 있다는 뜻입니다.

백신은 홍역, 소아마비, 인플루엔자 등 많은 질병의 발병률과 중증도를 낮추는 데 중요한 역할을 해왔습니다. 백신은 전염병의 확산을 통제하고 공중 보건을 보호하는 데 중요한 도구입니다.

 백신의 역사에 대해 말해 줘.

 1796년 : 영국 의사 에드워드 제너가 처음으로 수두백신 개발

1885년 : 루이 파스퇴르(Louis Pasteur)가 수막구균 백신 개발

1921년 : 알렉산더 글레니(Alexander Glenny)와 그의 동료들이 폐렴구균 백신 개발

1944년 : 첫 폴리오 백신 개발

1952년 : 첫 뇌막염 백신 개발

1963년 : 첫 홍역 백신 개발

1985년 : 첫 에이즈 바이러스 백신 실험

2006년 : 첫 인플루엔자 A(H5N1) 백신 개발

2009년 : 첫 인플루엔자 A(H1N1) 백신 개발

2014년 : 첫 에볼라 바이러스 백신 개발
2020년 : 코로나19 백신 개발

 백신 종류도 생백신, 사백신, 재조합백신, 핵산백신(mRNA 백신) 등 다양하다던데...

 네, 맞습니다. 질병에 대한 면역력을 생성하기 위해 다양한 방식으로 작용하는 여러 종류의 백신이 있습니다.

1. 약독화 생백신: 이 백신에는 질병을 일으키는 살아있는 바이러스 또는 박테리아의 약독화 버전이 포함되어 있습니다. 이 유형의 백신은 면역 반응을 자극할 만큼 충분히 복제되지만 건강한 사람에게는 질병을 일으키지 않습니다. 이 범주에 속하는 백신의 예로는 홍역, 유행성이하선염, 풍진(MMR) 백신과 황열병 백신이 있습니다.

2. 불활성화 또는 사멸 백신: 이러한 백신에는 화학물질, 열 또는 방사선으로 사멸된 바이러스 또는 박테리아가 포함되어 있습니다. 체내에서 복제되지는 않지만 여전히 면역 반응을 유발합니다. 이 범주에 속하는 백신의 예로는 소아마비 백신과 A형 간염 백신이 있습니다.

3. 서브유닛 또는 단백질 백신: 이러한 백신에는 면역 반응

을 유발하는 단백질과 같은 바이러스 또는 박테리아의 특정 부분만 포함되어 있습니다. 이 유형의 백신은 면역 반응을 유발하는 미생물의 특정 부분을 식별할 수 있는 경우에 사용됩니다. 이 범주에 속하는 백신의 예로는 인유두종 바이러스(HPV) 백신과 B형 간염 백신이 있습니다.

4. 바이러스 벡터 백신: 이 백신은 질병을 일으키는 바이러스의 유전자를 포함하도록 변형된 바이러스를 사용합니다. 이 바이러스는 무해하지만 면역 체계가 표적 바이러스를 인식하고 방어할 수 있도록 하는 유전자를 가지고 있습니다. 이 범주에 속하는 백신의 예로는 에볼라 백신과 Johnson & Johnson 코로나19 백신이 있습니다.

5. 핵산 백신: 이 백신은 DNA 또는 mRNA와 같은 유전 물질을 사용하여 면역 반응을 일으킵니다. 이 유형의 백신은 무해한 바이러스 유전 물질 조각을 체내에 주입하여 세포가 면역 반응을 유발하는 단백질을 생산하도록 유도합니다. 이 범주에 속하는 백신의 예로는 화이자-바이오엔텍 및 모더나 코로나19 백신이 있습니다.

각 백신 유형에는 장단점이 있으며 특정 백신은 특정 질병이나 집단에 더 효과적일 수 있습니다. 백신 선택은 예방하고자 하는 특정 바이러스 또는 박테리아와 개인의 병력 또는 위험 요인에 따라 달라집니다.

 사람들은 바이러스 감염을 막기 위해 예방접종을 맞는데 예방접종이 도대체 뭐야?

 예방접종은 바이러스와 박테리아로 인한 감염과 질병의 확산을 예방하는 데 도움이 되는 의학적 치료입니다. 특정 병원체에 대한 면역 반응을 일으키도록 신체의 면역 체계를 자극하는 안전하고 효과적인 방법입니다. 이 면역 반응을 통해 신체는 향후 병원균이 다시 발생할 경우 이를 인식하고 파괴하여 감염을 예방하거나 질병의 심각성을 줄일 수 있습니다.

백신 접종은 주사 또는 경구 투여를 통해 소량의 무해한 바이러스 또는 박테리아를 면역 반응을 강화하는 보조제라는 물질과 함께 체내에 도입하여 작동합니다. 이를 통해 면역 체계가 병원체를 인식하고 공격하는 특정 항체와 이러한 항체를 생성하는 방법을 기억하는 기억 세포를 생성하도록 유도합니다. 나중에 실제 바이러스나 박테리아에 노출되면 면역 체계가 신속하게 효과적인 반응을 일으켜 질병을 일으키기 전에 병원균을 무력화할 수 있습니다.

백신 접종은 인플루엔자, 홍역, 소아마비 등 다양한 전염병을 예방하기 위해 수년 동안 성공적으로 사용되어 왔습니다. 사람들이 권장 예방접종을 받도록 하는 것은 전염병을 예방하고 심각한 질병과 사망으로부터 개인과 지역사회를 보호하기 위한 공중보건 노력의 중요한 부분입니다.

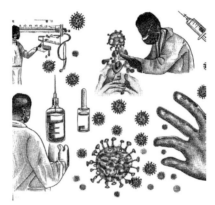

그림 7. 바이러스 감염예방을 위해 백신접종하는 모습

 백신의 부작용에 대해서도 알려 줘.

 백신의 부작용은 일반적으로 가벼우며, 발열, 근육통, 두통 등이 일시적으로 나타날 수 있습니다. 그러나 드물게 중대한 부작용도 발생할 수 있으며, 이에 대한 관리와 모니터링이 필요합니다. 각각의 백신의 부작용은 종류와 심각도에 따라 다르기 때문에, 백신을 접종하기 이전에 의료전문가와 충분한 상담이 필요합니다.

Chapter 8

바이러스와
항바이러스제

바이러스에 감염된 사람은 항바이러스제를 복용해 치료한다
는데 항바이러스제가 도대체 뭐야?

 항바이러스제는 감염병을 일으키는 바이러스를 죽이거나
병이 생기는 것을 막아 주는 약물입니다. 일부 항바이러스
제는 바이러스의 복제를 억제하여 환자의 면역 체계가 병
에 대응할 수 있도록 지원합니다. 이러한 항바이러스제는
세계적으로 여러 바이러스로부터 효과적인 예방과 치료를
위해 사용되고 있습니다. 그러나 일부 항바이러스제는 부
작용이 발생할 가능성이 있으므로 전문가의 처방과 지정된
용량을 준수하는 것이 중요합니다.

항바이러스제의 역사에 대해 말해 줘.

항생물질의 역사는 루이 파스퇴르가 전염병의 원인이 미생물에 의해 생긴다는 것을 발견하면서 시작되었습니다. 그리고 미생물을 죽이는 물질을 찾기 시작했으며, 이때 처음 사용된 것은 곰팡이나 토양 미생물 등에서 추출된 것이었습니다. 1928년 알렉산더 플레밍이 페니실린을 발견하면서 항생제 발견의 새로운 시대를 열게 되었습니다. 이후 다양한 항생제가 개발되고, 항생제의 바이러스 질환 예방과 치료에서의 역할이 알려지면서 항바이러스제도 개발되게 되었습니다. 현재는 합성항생제도 많이 개발되었으며, 항균제와 구분되어 쓰이고 있습니다.

항바이러스제의 종류에 대해 말해 줘.

바이러스는 숙주세포에 침입하여 증식하는 과정을 거칩니다. 이 과정에서 바이러스는 숙주세포의 세포막과 결합한 후, 숙주세포 내로 침투합니다. 바이러스가 숙주세포 내로 침투한 후에는 바이러스의 유전물질(DNA 또는 RNA)은 숙주세포의 세포기구를 이용하여 복제됩니다. 바이러스의 유전물질이 복제되면, 바이러스는 숙주세포 내에서 새로운 바이러스를 생성합니다. 새로운 바이러스는 숙주세포에서 탈출하여, 다른 숙주세포에 침입하여 증식하는 과정을 반복합니다.

바이러스의 생활사 중 각 단계에 작용하는 항바이러스제로는 다음과 같은 것들이 있습니다.

바이러스의 세포막과의 결합을 차단하는 항바이러스제
바이러스의 유전물질의 복제를 차단하는 항바이러스제
바이러스의 유전물질의 발현을 차단하는 항바이러스제
바이러스가 숙주세포에서 탈출하는 것을 차단하는 항바이러스제

이러한 항바이러스제는 바이러스의 생활사 중 각 단계에 작용하여, 바이러스의 증식을 억제하거나, 바이러스의 감염을 치료하는 데 사용됩니다.

 항바이러스제의 작용 원리에 대해 자세히 설명해 줘.

 항바이러스제는 바이러스 감염을 치료하기 위한 의약품으로, 대부분은 특정 바이러스에 대한 효과가 있습니다. 항균제와 비슷한 특징을 가지며, 바이러스의 복제를 방지하여 치료 효과를 나타냅니다. 이러한 특성 때문에 치료 요법으

로 많이 사용되고 있으며, 대표적인 항바이러스제로는 타미플루, 인터페론, 면역글로불린 제제 등이 있습니다.

 항바이러스제의 부작용에 대해서도 알려 줘.

 항바이러스제의 부작용은 개별적으로 다르지만, 대표적으로 설사, 구토, 두통, 우울증 등의 증상이 나타날 수 있습니다. 또한 알레르기 반응, 심장 및 간장 이상, 혈액장애 등 심각한 부작용이 나타날 수 있으므로 사용 전 의료진과 충분한 상담과 모니터링이 필요합니다.

 바이러스는 빠르게 복제해 백신과 항바이러스제를 회피하는 돌연변이체로 진화하는데 돌연변이가 뭐야? 돌연변이는 어떻게 발생하지?

 백신과 항바이러스제를 빠르게 복제하고 회피하는 변종으로 진화하는 것을 '약제내성 돌연변이'라고 합니다. 약제내성 돌연변이는 항바이러스제 치료 중과 같이 바이러스가 선택적 압력에 노출될 때 발생할 수 있습니다. 이러한 선택적 압력은 치료를 회피할 수 있는 돌연변이를 가진 바이러스만 생존하고 복제할 수 있는 환경을 조성합니다. 시간이 지남에 따라 이러한 돌연변이가 우세해져 치료 효과가 떨어질 수 있습니다.

돌연변이는 바이러스 복제 과정에서 오류가 발생할 때 발생합니다. 이러한 오류는 바이러스 중합효소의 불완전한 교정 또는 방사선이나 화학물질과 같은 돌연변이 유발 물질에 노출되는 등의 요인으로 인해 발생할 수 있습니다. 일부 돌연변이는 바이러스에 거의 영향을 미치지 않지만, 다른 돌연변이는 세포 감염, 복제 또는 면역 체계 회피 능력과 같은 바이러스의 행동을 크게 바꿀 수 있습니다. 생존 또는 복제 이점을 제공하는 돌연변이를 가진 바이러스가 선택되어 결국 우세한 바이러스가 될 수 있습니다.

Chapter 9

미래 바이러스 위협과 대책

인류 역사에서 발생한 중요한 바이러스 팬데믹 사례들과 이들이 끼친 영향에 대해 알려 줘.

 인류 역사에서 발생한 중요한 바이러스 팬데믹 사례로는 스페인 독감(1918년), 에이즈(1981년), 사스(2003년), 에볼라(2013년), 메르스(2015년), 코로나19(2019년) 등이 있습니다. 이들 바이러스는 수많은 인간의 생명을 앗아가는 등 막대한 인간적 · 경제적 · 사회적 영향을 끼쳤으며, 질병 예방과 대처를 위한 노력이 계속되고 있습니다.

미래의 잠재적인 바이러스 위협에는 어떠한 것들이 있지? 인
수공통바이러스출현, 신종바이러스출현, 기후변화로 인한 러
시아 시베리아 동토층이 녹아 얼음 속에 갇혀 있던 고대 바이
러스의 재출현 등이 거론되고 있다는데...

미래 잠재적인 바이러스 위협으로 인수공통 바이러스, 신
종 바이러스, 기후변화로 인한 고대 바이러스의 재출현 등
이 있습니다. 인수공통 바이러스는 동물과 인간 간에 전염
되는 바이러스로, 대부분 농가나 축산업에서 발생하며, 새
로운 변종의 인플루엔자 바이러스도 해당됩니다. 신종 바
이러스는 새로운 종류의 바이러스로, 이전에는 인간에게 전
염되지 않았던 동물 바이러스가 변이하여 인간에게 전파되
는 경우가 있습니다. 기후변화에 따라 러시아 시베리아 동
토층이 녹아 메마르면서, 잠재적으로 여러 종류의 고대 바
이러스가 다시 나타날 수 있습니다. 전반적으로 인간의 건
강과 복지에 미치는 영향을 최소화하기 위해서는 잠재적인
바이러스 위협을 지속적으로 모니터링하고 이에 대비하는
것이 중요합니다.

그림 8. 미래 닥쳐올 신종바이러스 출현의
위협을 표현한 가상장면

 인류는 미래에 다가오는 바이러스 위협을 막기 위해 어떤 준
비를 해야 되지 ?

 앞으로 다가올 바이러스 위협을 막기 위해 인류가 할 수 있
는 몇 가지 중요한 준비가 있습니다. 첫째, 알려진 바이러
스에 대한 효과적인 백신과 치료제의 연구 개발에 투자하
고 새로운 바이러스의 출현을 면밀하게 모니터링하는 것이
중요합니다. 또한 조기 감지 시스템, 신속한 대응팀, 강력한
진단 역량을 갖추도록 공중 보건 시스템을 강화해야 합니
다. 앞으로 다가올 바이러스 위협을 예방하기 위해서는 국
가 간 협력, 민관 파트너십, 연구 개발, 국제 협력을 포함한
다각적인 접근이 필요합니다.

바이러스 조기 발견과 예방전략에 필요한 미래첨단기술에는 어떤 것들이 있는지 궁금해.

바이러스의 조기 발견 및 예방전략에 중요한 역할을 할 수 있는 몇 가지 새로운 기술이 등장하고 있습니다. 한 가지 관심 분야는 인공지능(AI)과 머신러닝을 사용하여 바이러스가 널리 퍼지기 전에 잠재적 발병을 식별하는 것입니다. 인공지능을 통한 대량의 데이터 분석으로 신종 바이러스를 나타낼 수 있는 패턴과 신호를 감지하는 것이 포함됩니다.

또 다른 유망한 기술은 특정 바이러스의 존재를 신속하게 식별하여 대응 조치를 취할 수 있는 진단 도구를 개발하는 것입니다. 이러한 도구에는 현장에서 사용할 수 있는 휴대용 진단 기기와 몇 시간 내에 결과를 도출할 수 있는 고급 실험실 기반 테스트가 포함될 수 있습니다.

마지막으로, 면역 요법과 유전자 편집은 바이러스 치료 방식을 혁신하여 환자 개개인의 필요에 맞는 맞춤형 치료를 가능하게 할 잠재력을 지니고 있습니다.

국가 차원의 공중보건학적 측면에서 바이러스 위협을 효과적으로 막기 위한 검역과 격리조치에 대해 말해 줘.

국가 차원의 공중 보건학적 측면에서 바이러스 위협을 효과적으로 막기 위해 검역과 격리 조치가 중요합니다. 검역은 국경을 넘어서면서 바이러스의 전파를 막기 위한 의무적인 검역 절차이며, 격리는 바이러스에 감염된 환자를 다른 사람들로부터 격리하여 전파를 차단하는 것입니다. 격리에는 전염성 질병에 노출되었지만 아직 증상이 나타나지 않은 사람들을 다른 사람들과 분리하는 것이 포함됩니다.

바이러스 위협이 다른 지역으로 확산되는 것을 방지하기 위해 국가 차원에서 격리 조치를 시행할 수 있습니다. 격리 조치에는 바이러스 감염이 활발한 지역에서 오는 개인에 대한 여행 제한도 포함될 수 있습니다. 격리 조치가 효과를 거두기 위해서는 국가 차원의 협조가 중요합니다. 여기에는 선별 검사, 위생 프로토콜, 접촉자 추적과 같은 조치를 취하는 것이 포함됩니다. 또한 방역 조치의 중요성에 대해 대중과 소통하는 것은 공포와 잘못된 정보를 방지하는 데 필수입니다. 격리 조치는 일상생활에 지장을 주고 경제에 영향을 미칠 수 있지만, 국가 차원에서 감염병 확산을 방지하는 데 필수 수단입니다.

Chapter 10

교육을 마치며

독자들을 위해 지금까지의 바이러스 관련 전반적인 내용들 중 주요 개념으로 다시 요약해 준다면?

 바이러스는 미세하고 간단한 구조로, 세포 내부에 침투하여 복제하여 감염을 일으키는 극히 작은 생물체입니다. 바이러스는 유전 물질인 DNA 또는 RNA를 가지고 있으며, 감기, 독감 등 다양한 질병을 일으켜 인류에게 큰 위협을 줍니다.

바이러스는 비말, 호흡기, 혈액, 분비물, 직접 접촉 등으로 전파되며, 예방이 가장 중요합니다. 예방 방법으로는 손 씻기, 마스크 착용, 사회적 거리두기 등 예방수칙을 준수하는 것과 백신 및 항바이러스제를 복용하는 것이 있습니다. 이들을 잘 준수하는 것이 바이러스 감염 예방에 큰 도움이 됩니다.

 미래 바이러스 대응의 중요성을 강조하기 위해 네가 마지막으로 독자에게 당부 하고 싶은 말은?

 저는 미래의 팬데믹을 예방하고 현재의 감염병에 효과적으로 대처하기 위해 앞으로도 지속적인 바이러스 대응이 중요하다는 점을 강조하고 싶습니다. 여기에는 발병 감지, 예방 및 대응하기 위한 공중보건 인프라에 대한 투자, 전 세계적으로 백신과 치료제에 대한 접근성 보장, 새로운 백신과 치료제의 연구 개발 지원, 감염병에 대한 교육 및 인식 증진 등이 포함됩니다.

현재의 팬데믹으로부터 교훈을 얻고 감염병에 대한 글로벌 대응의 격차와 약점을 해결하기 위해 협력하는 것이 매우 중요합니다. 이를 위해서는 국제적인 협력과 공조는 물론 지역 및 국가 차원의 공중보건 노력에 대한 지원이 필요합니다. 효과적인 바이러스 대응에 실패하면 보건뿐만 아니라 경제, 사회, 정치적 안정 측면에서도 심각한 결과를 초래할 수 있습니다. 따라서 감염병의 파괴적인 영향으로부터 우리 자신과 미래 세대를 보호하기 위해 글로벌 커뮤니티로서 바이러스 대응에 우선순위를 정하고 투자하는 것이 중요합니다.

그림 9. AI와 인간의 감사 인사 장면

**이미지
프롬프트
리스트**

이미지를 생성하기 위해 Bing Image Creator에 입력한 프롬프트 리스트입니다.

표지 Express a mysterious atmosphere in a botanical stippling format of a scene where a human and an AI human have a serious conversation with each other. Including the figure of holding a model of the Corona 19 virus in a person's hand.

그림 1 Draw coronavirus schematic diagram in botanical stippling style.

그림 2 A virus infiltrates human cells and synthesizes viral genetic material and viral proteins therein. Then, draw the body cells bursting as they are assembled inside the cells and come out of the cells in botanical stippling style.

그림 3 Express the first scene of the virus on Earth in botanical stippling style with a mysterious scene.

그림 4 Viruses are diverse in structure and shape, such as spiral, cylindrical, icosahedral, naked type, and enveloped type. Draw the appearance of these various viruses in botanical stippling style.

그림 5   Express a scientist diagnosing a pathogen using a human specimen, that is, experimenting with a microscope and nucleic acid detection equipment in botanical stippling style.

그림 6   Express the scene where the human immune system defeats the infected pathogen. When expressing, it would be nice to draw various immune cells that attack pathogens in botanical stippling style.

그림 7   Draw in botanical stippling style, including the various types of vaccines developed and the scene where a person is being vaccinated.

그림 8   Draw in botanical stippling style a scary picture to remind you of the virus threat in the future. It is a picture that gives the feeling that a new virus that can destroy mankind appears or that an ancient virus that was dormant reappears.

그림 9   Draw a scene where you shake hands with an AI human to say thank you in botanical stippling style.

챗GPT와 함께 쓴
바이러스 따라잡기

초판인쇄 2023년 06월 23일
초판발행 2023년 06월 23일

지은이 최병선 · 챗GPT
펴낸이 채종준
펴낸곳 한국학술정보(주)
주 소 경기도 파주시 회동길 230(문발동)
전 화 031-908-3181(대표)
팩 스 031-908-3189
홈페이지 http://ebook.kstudy.com
E-mail 출판사업부 publish@kstudy.com
등 록 제일산-115호(2000. 6. 19)

ISBN 979-11-6983-456-8 03470